AF349462

ESENCIA CÓSMICA

TAURO

Leo Kabal

Editorial ☉ Creación

Temática: Astrología Angelología, Espiritualidad, Magia y Filosofía Oculta,
Colección: Esencia Cósmica
© Leo Kabal
© Editorial Creación
  Jaime Marquet, 9
  28200 - San Lorenzo de El Escorial
  (Madrid)
  Tel.: 91 890 47 33
  http://www.editorialcreacion.com
  http://editorialcreacion.blogspot.com/

Diseño de portada: Mejiel

Primera edición: mayo de 2013
ISBN: 978-84-15676-27-0
Depósito Legal: M-14518-2013

CONTENIDO

INTRODUCCIÓN

Saber hoy a ciencia cierta cuándo empezó la Humanidad a interesarse por los astros y cuáles fueron las bases de lo que se conoce como Astrología, es una tarea difícil, por no decir imposible.

No obstante, cuando miramos hacia atrás en el tiempo intentando buscar un origen, encontramos que la mayoría de los pueblos de la antigüedad tenían muy en cuenta las posiciones planetarias a la hora de tomar decisiones importantes. Todo el mundo creía en ella y los reyes tenían a sus propios astrólogos, a los que consultaban para tomar las decisiones relevantes.

Aunque la ciencia astrológica se remonta más atrás en el tiempo, los doce signos astrológicos, tal como los conocemos hoy, aparecieron en Babilonia, en el siglo V a. C. Este sistema consiste en la división del cielo en doce partes iguales de 30 grados cada uno.

Pero signos y constelaciones no son lo mismo, aunque muchos hayan querido confundir los términos para desacreditar a los astrólogos y la Astrología. Expliquemos la diferencia.

La Eclíptica es el círculo imaginario que atraviesa el Sol en su recorrido anual aparente alrededor de la Tierra, aunque en realidad se trata de una proyección en los cielos de la linea imaginaria que dibuja la Tierra en su movimiento de traslación (recorrido anual alrededor del Sol).

A un lado y otro de la Eclíptica hay una franja celeste denominada Zodiaco, dentro de la cual permanecen el Sol, la Luna y los planetas. En esta franja hay doce constelaciones cuyos nombres son los mismos que el de los doce signos. Pero a diferencia de los signos, las constelaciones tienen una longitud desigual, es decir, no miden 30 grados cada una, sino que unas miden más y otras, menos.

Hay algunos astrólogos que afirman que primero fueron los signos y después vinieron las constelaciones. Es decir, los signos fueron dados a la humanidad primitiva por inspiración. Después, el hombre buscó algo semejante en los cielos y encontró las constelaciones.

Sea como fuere, lo importante es que los signos astrológicos y las constelaciones de estrellas no son lo mismo. Los signos son sectores del Zodiaco de 30 grados cada uno y las constelaciones tienen una longitud diferente. Además, debido a la precesión de los equinoccios, tampoco coinciden en el comienzo de la primavera, cuando el Sol cruza el ecuador celeste, sino que, en ese punto, el Sol cruza el grado cero de Aries en lo referente a los signos, mientras que en lo referente a las constelaciones, varía. Ese es el motivo de que cuando el Sol se encuentra en el signo de Aries, actualmente lo hace en la constelación de Piscis. Es también la base para afirmar que la Humanidad está actualmente en la Era de Piscis y camina hacia la Era de Acuario.

Pero en lo referente a los signos, esto no debe preocuparnos, ya que siguen siendo los mismos, y las fechas en las que rigen cada uno de ellos permanecen invariables.

Según algunos astrólogos modernos, la Astrología no es solo un sistema de predicción, sino que comprende la esencia cósmica de la cual todos nos nutrimos tanto material como espiritualmente. De hecho, los nombres de los doce signos corresponden a doce entidades espirituales que se ocupan de hacernos llegar la energía con la que construimos y desarrollamos nuestra existencia.

En el principio de los tiempos, al iniciar la creación de nuestro Sistema Solar, Dios trazó un espacio, de donde tomó la esencia para que su obra creciera y se multiplicara. Este espacio es conocido con el nombre de Zodiaco. De este Zodiaco procede la esencia que ha dado forma a todo lo que existe hoy en nuestro Sistema Solar, incluidos nosotros.

De lo que antecede podemos deducir que el Zodiaco es mucho más importante de lo podría parecer a primera vista, pues sin él no existiría nada en nuestro universo solar.

Vemos así que el Zodiaco marca la evolución de la Humanidad a través de los signos conocidos como Aries, Tauro, Géminis, Cáncer, Leo, Virgo, Libra, Escorpio, Sagitario, Capricornio, Acuario y Piscis. Cada individuo debe renacer constantemente en los distintos signos para evolucionar mediante las vivencias que cada uno le aporta.

Así, en el sentido cósmico, cuando nacemos en Aries, traemos al mundo un nuevo designio divino, un proyecto original, que iremos desarrollando a través de las distintas etapas, es decir, en las distintas encarnaciones por las que hemos de pasar. La rueda astrológica se convierte así en la rueda de los renacimientos a través de los cuales evolucionamos desde la inconsciencia hacia la omnisciencia. La meta es convertirnos algún día en dioses creadores. El orden evolutivo sigue un orden distinto del de la rueda astrológica, que como sabemos es Aries, Tauro, Leo, etc., hasta Piscis.

En el orden cósmico primero es el Fuego: Aries, Leo y Sagitario. Segundo, el Agua: Cáncer, Escorpio y Piscis. Tercero, el Aire: Libra, Acuario y Géminis. Y por último, la Tierra: Capricornio, Tauro y Virgo.

Este sería el orden lógico en la evolución. O sea, primero encarnaríamos en los signos de Fuego, luego en los de Agua, etc. Y, al llegar al último signo de Tierra: Virgo habríamos culminado nuestra evolución y adquirido todas las experiencias necesarias para llegar a ser dioses creadores. Pero este orden fue roto porque los hombres no fuimos capaces de asimilar las energías divinas tal como se nos iban proporcionando. De esta forma, unas veces fuimos hacia adelante y otras hacia atrás, unas veces avanzando y otras quedándonos rezagados.

Por este motivo, tenemos que culminar varios ciclos desde Aries a Virgo antes de alcanzar la perfección, pero ahora ya no seguimos el orden primordial: Fuego, Agua, Aire y Tierra, sino que, debido al estancamiento en algunas etapas, tenemos que volver a ellas de nuevo. Por eso, en una encarnación podemos nacer en Aries, mientras que en la siguiente lo hacemos en Tauro o Libra, dependiendo de los trabajos pendientes de realizar que hayamos dejado en el camino.

El signo del horóscopo bajo el cual hemos nacido marca únicamente el lugar del sol en nuestra carta natal. Para un estudio más profundo, cada lector debe recurrir a la interpretación de su carta astral completa, porque ella le descubrirá muchos más aspectos de su personalidad y su trabajo en la vida presente que el estudio simple del signo bajo el cual ha nacido. Aunque sin duda el sol en un horóscopo marca el lugar donde se instala nuestro Yo en la presente encarnación para poder llevar a cabo su programa de vida marcado por las demás tendencias de nuestra carta de nacimiento. Por ese motivo, cualquier estudio sobre él es de la máxima importancia. Más adelante, si el lector lo desea, podrá estudiar su carta con profundidad y desarrollar su potencial en todos los aspectos. Mientras tanto, le ofrecemos este pequeño estudio para que pueda conocerse un poco más y aprenda a conducirse de acuerdo con la energía de los astros para hacer su vida un poco más llevadera.

Acuario
Capricornio
Sagitario
Piscis
Escorpio
Aries
Libra
Tauro
Virgo
Géminis
Leo
Cáncer

♉

TAURO

21 de abril al 20 de mayo

Belleza y esplendor material

Elemento: Tierra

Símbolo: ♉

Color: Verde oscuro, amarillo ocre

Planeta regente: Venus

Gemas: Ágata musgosa, cuarzo rosa

Metal: Bronce, cobre

Día de la semana: Viernes

Números de la suerte: 2 y 6

Imagen medieval de Tauro.
 (Libro de Horas del siglo XIV).

Imagen medieval de Venus, planeta regente de Tauro y Libra. *De Sphaera.*

SÍMBOLOS DE TAURO Y VENUS

♉ ♀

Está representado por el toro, cuyo signo es un círculo y un semicírculo encima ♉. También la cabeza y los cuernos del toro. El alma o imagen del semicírculo impera sobre el espíritu o imagen del círculo. En esta etapa del desarrollo humano el espíritu está materializado a favor del desarrollo del alma y corre el riesgo de perder el contacto con su origen divino.

En efecto, Tauro es el signo donde crecen los frutos materiales. En la etapa Tauro el individuo contempla todo el esplendor material que ha ido plantando en encarnaciones anteriores. Si lo ha hecho más o menos bien, se encontrará un mundo lleno de belleza. Es por eso por lo que, al disfrutar de todos los bienes materiales y ver el esplendor material, pueda creer que esto es lo único que existe y se aparte de su origen divino.

En Venus tenemos lo contrario que en el símbolo de Marte: el círculo sobre la cruz: ♀; o sea, el espíritu (el círculo) sobre la materia (la cruz). Lo que nos indica la superioridad de lo espiritual sobre lo material. Por eso Venus es el planeta del amor, de la paz, de la armonía, de la belleza, del arte.

El símbolo del planeta contrarresta al de Tauro, que es precisamente lo contrario. De ahí que Tauro viva un equilibrio interno entre lo material y lo espiritual.

ALEGORÍA DE TAURO

... Y era de mañana cuando Dios se puso ante sus doce hijos e implantó en cada uno la semilla de la vida humana, Cada hijo, uno a uno, dio un paso adelante para recibir el don que se le había destinado.

—A ti, TAURO, te doy el poder de conseguir que crezca la semilla. Tu tarea es grande y requiere paciencia, porque debes terminar todo aquello que está comenzado, de lo contrario las semillas se las llevaría el viento. No debes preguntar nada, tampoco podrás cambiar de parecer mientras trabajes, ni confiar a los demás aquello que Yo te pido que realices. Por eso te doy el don de la FUERZA. Empléala con sabiduría.

Y Tauro volvió a su lugar.

Entonces Dios dijo:

—Cada uno de vosotros tiene una parte de Mi Idea. No confundáis esta parte con la totalidad de Mi Idea, ni intentéis cambiaros las partes entre vosotros. Porque cada uno de vosotros es perfecto, pero eso no lo sabréis hasta que los doce seáis uno. En este momento, Mi Idea, en su totalidad, será revelada a cada uno de vosotros.

Y los hijos se fueron, decidiendo cada cual hacer su trabajo lo mejor posible, para poder recibir su don. Pero ninguno comprendió totalmente su tarea ni su don, y cuando volvieron confusos, Dios les dijo:

—Cada cual cree que los otros dones son mejores. Así, pues, os permitiré intercambiarlos.

Y, de momento, cada hijo se entusiasmó considerando todas las posibilidades de su nueva misión. Pero Dios se sonrió diciendo:

—Volveréis a mí muchas veces, pidiendo que os releve de vuestra misión, y cada vez os concederé vuestro deseo. Pasaréis por incontables encarnaciones antes de que cumpláis la misión original que os he prescrito. Os concedo un tiempo ilimitado para llevarlo a cabo, y sólo cuando lo hayáis conseguido podréis estar conmigo.

PERSONALIDAD

Tauro es el segundo signo de Tierra, que representa el tiempo de arraigo de la semilla plantada en la etapa de Capricornio.

El Tauro suele ser leal, estable, conservador y práctico. También es paciente, y cariñoso. Pero también puede estallar de forma violenta cuando se abusa de su paciencia y ve su vaso colmado. Es afectivo con las personas, las cosas y los sitios. Le gusta el hogar. No le gustan los cambios. Es una persona entregada en la que se puede confiar.

Tauro está regido por Venus, el planeta del amor. Por tanto, el nativo de este signo tiene una predisposición bondadosa y amistosa. Le gusta que todos los aspectos de la vida fluyan a un ritmo tranquilo y constante, en armonía, sin grandes sobresaltos o altibajos. Aprecia la belleza en todos los aspectos de la Creación y puede pasarse mucho tiempo contemplándola.

Cuando está convencido de una idea se aferra a ella con tenacidad y se resiente mucho al verse contrariado. Es muy difícil convencerle de que está equivocado. Pero una vez que se le ha podido hacer ver su error (lo que aceptará siempre y cuando se haga de una forma tranquila y pacífica) reconocerá fácilmente que estaba equivocado y no tardará en hacer las oportunas rectificaciones.

Tiene una voluntad muy fuerte y gran determinación. Cuando está decidido a hacer algo, se mueve en esa dirección y pondrá toda su energía y persistencia en conseguirlo.

Suele tomarse la vida de forma tranquila y disfruta todo lo que puede de ella.

Por lo general, suele ser afortunado en la adquisición de bienes materiales y posiciones sociales. Además, le cuesta bien poco ganarse la vida y, a menudo, recibe legados o herencias. Pero para él las riquezas no son importantes, ni las desea por el mero hecho de tenerlas, sino por el placer y el confort que las mismas pueden proporcionarle, ya que disfrutar de los bienes a su alcance es uno de los objetivos de Tauro.

Suele ser buen cocinero/a y le gusta mezclar cosas, es decir, inventar platos originales para disfrutar de la buena mesa.

Tiene un alto sentido de la justicia, y, por ese motivo, se exigirá a sí mismo lo que exige a los demás.

Concede gran prioridad a las cuestiones económicas y es consciente de la importancia del dinero en todos los asuntos de la vida. Sabe que mantener una economía saludable proporciona seguridad. Nunca se excede en los gastos, ni se da al despilfarro, sino que lleva la cuenta de todo con sumo detalle, ahorrando donde se puede y gastando solo lo necesario, pero sin tacañería.

Muchos nativos de este signo se sienten atraídos por la Naturaleza y, los que pueden se compran una casa en el campo con un amplio jardín del que suelen disfrutar. Para ellos es primordial la armonía y la belleza, por lo que adornar su casa para sentirse bien es tan esencial como el aire que respiran.

CUALIDADES A DESARROLLAR

Perseverancia.
Paciencia.
Prudencia.
Tranquilidad.
Estabilidad.
Práctica.
Arte y belleza.
Lealtad.
Conservador.
Confianza.

DEFECTOS A SUPERAR

Obstinación.
Pereza.
Negligencia.
Materialismo.
Terquedad.
Brusquedad.
Celos.
Desenfreno.
Lentitud.
Avaricia.

AMOR Y COMPATIBILIDAD

El nativo de Tauro, al contrario que Aries, que actúa un poco más a lo loco, atribuye a la vida afectiva mucha importancia. Se toma el amor muy en serio y no se entrega a la primera de cambio. Sin embargo, cuando lo hace se da completamente a la pareja elegida.

Lejos de los flechazos y la pasión amorosa de los signos de fuego, Tauro es un amor que avanza lentamente, pero seguro. No busca una aventura amorosa, sino que sus pretensiones son una pareja duradera, que esté dispuesta a entregarse a él en cuerpo y alma.

Su amor es estable, sensual, fiel y de una gran intensidad. No se enamora a diario, pero una vez que lo hace es fiel hasta la muerte.

Se siente atraído por el sexo opuesto, pero no es de los que persiguen a la persona amada, sino que espera pacientemente que esta venga hacia él, lo que la mayoría de las veces termina haciendo, bien yendo a una fiesta, o a alguna comida que Tauro preparará en su casa.

La relación de pareja es tranquila, relajada y alegre. Le gusta disfrutar del hogar y de la buena mesa, y sobre todo que le acompañe la persona con la que ha decidido compartir su vida.

Se inclinará principalmente por los signos de Agua y Tierra, con los que tendrá más afinidad, dada su naturaleza compatible.

Con los signos de Tierra, compartirá el sentido práctico y la estabilidad. Al tener los mismos gustos y aficiones, puede llevarse bastante bien, sobre todo con Capricornio y Virgo. Con los de Agua, su sensualidad y sentimientos. Se llevará principalmente bien con Cáncer, de quien le atraerá su dulzura y tranquilidad. Además, compartirá con él sus inquietudes y capacidades artísticas, ya que ambos son creativos.

Los signos de Fuego y Aire no serán muy atractivos para Tauro. Los primeros son muy fogosos y pasionales, y actúan

de una forma tan rápida que le aturdirán
bastante. Los segundos son demasiado racionales y nerviosos, y llevarán un ritmo
demasiado loco para un signo tan tranquilo
y profundo como es Tauro.

TAURO - ARIES

En principio, Aries (signo de fuego)
con Tauro (signo de tierra) no son compatibles. Pero si son personas evolucionadas
y con altos ideales puede resultar una buena combinación, ya que a la impulsividad
y falta de previsión de Aries se opone la
ponderación y la moderación y previsión
de Tauro.

Podríamos así decir que lo que a un
signo le falta lo tiene el otro. Por ejemplo:
a la lentitud de Tauro, puede servirle de
aguijón el exceso de movimiento y actividad de Aries.

También pueden llevarse muy bien y
complementarse en ciertas tareas, ya que
Tauro es un artista nato y Aries es pionero,

innovador, por lo que entre los dos podrían realizar obras de arte innovadoras.

Pero si Aries no acepta la tranquilidad y moderación de Tauro y a Tauro le pone nervioso el exceso de actividad de Aries, entonces la relación terminará en fracaso.

Para llevarse bien, ambos deben entenderse perfectamente: Aries debe aprender de la paciencia, tranquilidad y previsión de Tauro, y Tauro del dinamismo y afán de aventura de Aries.

TAURO - TAURO

La naturaleza idéntica de estos dos puede ser compatible, pues los dos tendrán los mismos gustos y aficiones. Tendrán en común su sentido práctico, su carácter apacible y tranquilo, su voluntad firme, su fidelidad, etc.

La relación, en este sentido, puede llegar a ser armónica, feliz y duradera. Pero deben tener especialmente cuidado para que la monotonía no se instale en sus vidas y tengan la sensación del hastío y aburrimiento. En este sentido, les conviene relacionarse con otras personas cuyos gustos y aficiones sean algo diferentes

Además, deberán cuidar especialmente para no dejarse llevar por las cualidades negativas del signo, como los ataques de celos, la obstinación y la terquedad, ya que podrían hacer bastante daño a la pareja

TAURO - GÉMINIS

No son compatibles. Además, tenemos aquí a los dos signos más diferentes del Zodiaco. Por un lado, Géminis es el más inestable y voluble; y por el otro, Tauro es el más firme y estable.

Con estas diferencias podemos decir que será muy difícil conciliarlos.

Puede que Tauro se deje encandilar por la elocuencia de Géminis y crea que, en verdad, ha encontrado a la parte que le falta o alma gemela, pero pronto se dará cuenta de que no es así, pues en cuanto intente una relación seria basada en la estabilidad y quiera acapararlo, Géminis se esfumará como la espuma.

Intelectualmente, Tauro se interesará por pocos temas y profundizará en ellos hasta llegar a dominarlos, mientras que Géminis se interesará por todo pero de una manera más superficial.

TAURO - CÁNCER

Son dos signos que armonizan bien, dado la naturaleza del agua y la tierra, tanto en el amor como en la vida en pareja.

Será esta una relación intensa debido a la sensibilidad y sensualidad de ambos signos.

Cáncer apreciará la forma de ser apasionada y afectuosa de Tauro; y a Tauro le encantará la naturaleza emotiva y sociable de Cáncer.

El deseo de Tauro de tener hijos será acogido de forma excelente por Cáncer, que verá la ocasión de fundar la familia que anhela.

En definitiva, una relación armoniosa que puede durar mucho, a no ser que otros elementos del horóscopo lo desmientan.

Para que la relación no tenga ningún problema, no obstante, Tauro debe tener cuidado con el carácter brusco y bronco que le sale a veces; y Cáncer debe cuidar los celos y la intolerancia.

TAURO - LEO

Son dos signos de naturaleza incompatible, pues en la rueda zodiacal forman una cuadratura propia de los signos de fuego y tierra. Sin embargo, tienen en común que son dos signos fijos.

En un principio pueden interesarse el uno por el otro. A Tauro le atraerá Leo por su ambición, generosidad y altura de miras; y Leo cederá con suma facilidad a los encantos de Tauro, sobre todo si este último sabe halagarle el orgullo y amor propio. Así pueden llegar a vivir momentos sublimes durante cierto tiempo.

Pero puede suceder que surjan las incompatibilidades durante la vida en común, ya que Leo no logrará imponer tan fácil sus opiniones ante el obstinado Tauro; y Tauro no soportará el carácter a menudo infantil y comediante de Leo.

Sin embargo, si logran respetarse y basar la existencia en objetivos espirituales, pueden llegar a entenderse muy bien. Pues Tauro actúa a menudo financiando las grandes y elevadas empresas de Leo, y Leo necesita que alguien maneje el tema de las finanzas, ya que no suele administrar muy bien los dineros, cosa que a Tauro se le da de maravilla.

TAURO - VIRGO

La relación entre estos dos signos es bastante prometedora y puede llegar a ser armoniosa y feliz.

Los dos tienen un alto sentido práctico y sabrán ponerse de acuerdo en todos los asuntos en los que se vean enfrentados en la convivencia.

Son responsables, serios, fieles y profundos en sus sentimientos.

Ninguno de los dos se conforma con un amor pasajero, sino que buscan una relación estable con la que compartir algo más que una relación sentimental.

En materia económica serán pocas las divergencias, confiarán el uno en el otro, ya que ambos poseen un alto sentido de responsabilidad y ninguno de los dos tiende al despilfarro, sino a llevar una economía saneada y controlada.

Mentalmente tendrán algunas diferencias, pues Tauro será algo menos flexible y más testarudo que Virgo, y este, a su vez, quizá pueda resultar demasiado analítico, lo que puede provocar algunas discusiones que deberían evitar.

Para que la relación funcione a la perfección, Tauro debe mostrarse menos testarudo y Virgo menos frío, sobre todo en las relaciones sentimentales.

TAURO - LIBRA

Comparten el mismo regente, el planeta Venus, lo que les da una sensibilidad especial a la hora de observar el mundo. En efecto, los dos pueden ser buenos aliados y entenderse bastante bien, a pesar de ser elementos incompatibles (aire y tierra).

Ambos poseen un sentido de la belleza, el arte y la armonía, así como una sensualidad especial, factores que hacen que la relación pueda ser compatible y placentera.

Sin embargo, la incompatibilidad tierra-aire de la que hemos hablado anteriormente y el hecho de que un signo (Tauro) es fijo y el otro (Libra) cardinal puede hacerse sentir en la relación.

En efecto, Tauro es un signo fiel, cuyos sentimientos son más estables y menos cambiantes que los de Libra, lo que puede provocar más de un ataque de celos cuando Libra, que es un signo más sociable, se acerque a otras personas del sexo opuesto, cosa que hará a menudo, ya que tiende a ser más ligero y superficial en este sentido, y no le da tanta importancia al hecho de flirtear un poco.

Puede haber una relación estable y duradera si se respetan y se aman, pues así llegarán a comprender: Tauro, que no es tan importante el flirteo si la cosa no va más allá y deja un poco los celos; y Libra, que debe respetar a su pareja y coquetear menos o no coquetear con otras personas si sabe que molesta a Tauro.

TAURO - ESCORPIO

El signo fijo de agua (Escorpio) combina muy bien con el signo fijo de tierra (Tauro).

Los dos buscan una relación de sensaciones intensas, que, a veces, pueden encontrar a través del sexo. Marte, regente de Escorpio, y referente sexual masculino, se une a Venus, regente de Tauro, y referente sexual femenino. Por tanto, con buenos aspectos en las cartas astrales de la pareja entre estos dos planetas, puede resultar la pareja ideal.

Al pertenecer ambos nativos a signos fijos, de estabilidad, la unión hará una relación duradera, ya que los dos son fieles y leales.

Los puntos conflictivos pueden llegar a manifestarse precisamente por la inflexibilidad característica de los signos fijos, porque los dos pueden llegar a mostrarse altamente obstinados, posesivos y celosos.

El Tauro se aferra siempre a sus decisiones y no suele escuchar ninguna otra razón. Por su parte, Escorpio puede convertirse en un dictador extremadamente exigente, que no deje al otro ni un espacio para su privacidad e independencia.

En este sentido, deberían hacer grandes esfuerzos por mostrarse un poco más flexibles, si no quieren tener conflictos de este tipo.

TAURO - SAGITARIO

Son dos signos en principio incompatibles. Tauro es fijo, de tierra (estable y práctico), y Sagitario es mudable de fuego (expansivo y cambiante)

Tauro ama la estabilidad y es rutinario. No le gustan los cambios y es sedentario: Sagitario es más bien todo lo contrario: dinámico, ama los cambios o, incluso, los necesita, pues le ayudan a quitarse las tensiones y el estrés. El movimiento para él es necesario.

Lo que para Sagitario es una diversión, para Tauro puede convertirse en algo sufrible y tedioso.

En el amor, Sagitario es más fogoso y apasionado, lo que chocará con las necesidades de Tauro, que es más romántico y tranquilo. También Tauro puede resultar más celoso, cosa que irritará sobremanera a Sagitario.

Pueden, sin embargo, llevarse bien y llegar a una cierta armonía siempre que Tauro modere sus celos y permita cierta libertad a su pareja sin cortapisas ni trabas; y Sagitario, por su parte, debe entender la necesidad de Tauro por permanecer tranquilo y sin muchas convulsiones dinámicas.

TAURO - CAPRICORNIO

Es una relación compatible, ya que los dos son signos de Tierra y persiguen objetivos comunes. La fortaleza y seguridad de Tauro puede atraer a Capricornio, Y la seriedad, la fidelidad y la estabilidad de Capricornio atraerán a Tauro. Entre ellos puede entablarse una relación profunda, tranquila y estable si cada cual se entrega al otro sacando lo mejor de sí mismo.

Hay algunos puntos, sin embargo, en el que podría no haber tanta armonía. Se trata del tema sentimental. Tauro tiene a Venus, el planeta del amor y la sensualidad como planeta regente; Capricornio tiene al serio y restrictivo Saturno. Por tanto, puede haber tiranteces si Tauro se interesa demasiado por los placeres sexuales, pues Capricornio no le seguirá el ritmo, ya que para él estarán en un segundo plano.

Esta actitud de Capricornio puede actuar como una auténtica ducha fría para Tauro, así como el exceso de sensualidad de Tauro puede llegar a irritar a Capricornio.

Si quieren evitar esto, deben ceder ambos. Tauro debe mostrarse menos sensual, y Capricornio menos restrictivo.

TAURO - ACUARIO

Tierra y aire son dos elementos que no combinan bien, lo que se traduce a niveles prácticos por la orientación hacia objetivos materiales (Tauro), o intelectuales (Acuario).

Las diferencias pueden hacerse patentes en la relación. Tauro es un signo fijo, tradicional, que admite pocos cambios. Acuario está lleno de nuevas ideas que van más allá del tiempo presente.

En las relaciones afectivas, Tauro buscará un comportamiento por parte de su pareja, más emotiva y sensual, mientras que Acuario se orientará más hacia lo cerebral y universal.

Tauro, signo conservador y fiel y amante de la vida en el hogar, no entenderá bien a Acuario, que se mostrará independiente, indisciplinado y amante de las relaciones sociales.

TAURO - PISCIS

Puede haber una buena y agradable relación, sobre todo en el plano sentimental. A Tauro lo rige Venus, el planeta del amor; y Piscis es un signo que expresa el amor. Por tanto, Tauro encontrará en esta relación al compañero o compañera ideal: sensible, amoroso, abnegado. Y Piscis encontrará en Tauro, además de una correspondencia amorosa, la seguridad y protección que tanto anhela.

Pero la relación puede tener algunos inconvenientes. Tauro es un signo práctico, realista. Por este motivo puede sentirse irritado muchas veces ante la hipersensibilidad de Piscis, al que creerá esclavo de sus emociones. Tampoco le gustará la forma de actuar de Piscis, indeciso y que a veces parece vivir en lo irreal.

Y Piscis rechazará de Tauro, su forma rígida y poco flexible de abordar cualquier situación.

Entre los dos puede haber una relación duradera si la basan en el amor, respeto y entendimiento mutuo y destacan sus aspectos positivos.

SALUD

Tauro rige el cuello, la garganta, las amígdalas, la laringe, el paladar, la región occipital de la cabeza, las orejas, la glándula tiroides, la lengua, la vena yugular, la faringe, el cerebelo, el bulbo raquídeo y las cuerdas vocales. Así pues, las debilidades y malos aspectos de los planetas sobre este signo pueden llegar a producir las distintas dolencias que afectan a estas partes del cuerpo, como son:

Anginas.
Amigdalitis.
Laringitis.
Ronquera.
Paperas.
Bocio.
Dolor de garganta.
Apoplejía.
Pólipos.
Difteria.
Desarreglos endocrinos. Etc.

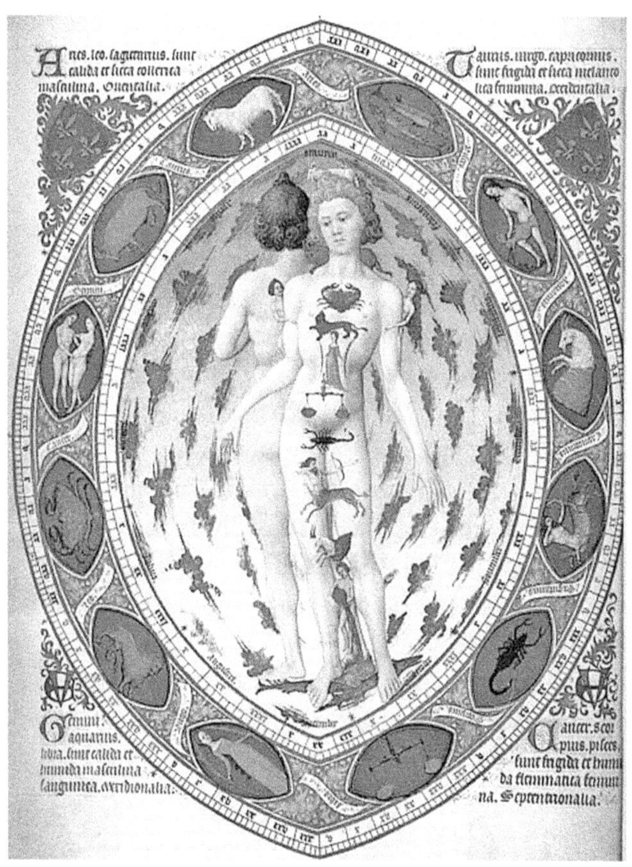

El hombre y el Zodiaco, de Paul Malouel, muestra las asociaciones de los Signos del Zodiaco con las distintas partes del cuerpo.

Por lo tanto, deberá tener especial cuidado con esta parte de su cuerpo y no someterla a excesos innecesarios como demasiada tensión o un exceso de trabajo.

Cuando se producen malos aspectos sobre Tauro da lugar a todos los problemas relacionados con una mala administración de la energía de Tauro y Venus, planeta que rige el signo. Si quiere evitarlos, debe tener especial cuidado y tomar conciencia de cómo está trabajando dicha energía. Por ejemplo, su mala administración se traduce por comportarse con los demás con los peores defectos del signo: Negligencia, terquedad, brusquedad, avaricia... Por ejemplo, el dolor de garganta suele tener una relación directa con todo lo que hacemos con nuestra voz, es decir, si estamos siendo bruscos con ellos hasta el punto de causarles dolor.

TRABAJO

Tauro se encuentra en una etapa en que debe disfrutar de lo que tiene a su alrededor. En este sentido, la profesión no ha de ser menos. Cualquier profesión que elija debe proporcionarle satisfacción, siempre respetando la Ley Cósmica, claro está.

La Belleza y el Arte son dos profesiones que le irán bastante bien. Así que todo lo relacionado con ellas le proporcionará bienestar.

También, por estar relacionado con la casa II en la rueda astrológica, que representa las finanzas, le irán bien todas aquellas profesiones relacionadas con el dinero: banqueros, joyeros, administradores, tesoreros, etc.

En algunas ocasiones, Tauro dispone de una excelente posición económica y no necesita trabajar para subsistir. En este caso será el que financia empresas y proyectos, y también puede ser el mecenas de aquellos que considera válidos.

Los nueve Coros Angélicos se mueven en torno a la esfera central, que representa a la Divinidad.
Ilustración de Gustavo Doré para la obra de Dante Alligeri *La Divina Comedia*.

ÁNGELES DE TAURO

La esfera del Zodiaco mide 360 grados de longitud, que se divide entre los doce signos del Zodiaco, dando como resultado un espacio de 30 grados de longitud a cada signo.

Dentro de estos 30 grados tienen su domicilio y radio de acción 6 ángeles conocidos en la Tradición como genios de la Cábala, a razón de 5 grados por ángel.

Con respecto al signo de Tauro, los nombres de estos ángeles son los siguientes:

De 0 a 5 grados de Tauro (21 al 25 de abril) rige el ángel llamado Achaiah,

De 5 a 10 grados de Tauro (25 al 30 de abril) rige el ángel llamado Cahetel.

De 10 a 15 grados de Tauro (1 al 5 de mayo) rige Haziel.

De 15 a 20 grados de Tauro (6 al 11 de mayo) rige el ángel llamado Aladiah.

De 20 a 25 grados de Tauro (12 al 16 de mayo) rige el ángel llamado Lauviah.

De 25 a 30 grados de Tauro (17 al 21 de mayo) rige el ángel llamado Hahaiah.

El nativo de Tauro tendrá uno u otro ángel guardián dependiendo de la fecha en la que haya nacido dentro de este radio de acción, con él podrán comunicarse en cualquier momento para pedirle que les ayude en su acción cotidiana y cumplir así con el objetivo de su Yo Superior.

Las enseñanzas y virtudes que proporciona este ángel durante la vida del nativo son las siguientes:

ACHAIAH, 21 AL 25 DE ABRIL

Paciencia; descubrimiento de los secretos de la Naturaleza; propagación de las luces (el conocimiento); capacidad para trabajos difíciles; gusto por el aprendizaje de las cosas útiles; ver más allá de los hechos probados; protección contra la pereza, la negligencia y la despreocupación por los estudios.

La esencia de su programa es:

PACIENCIA. Y esta cualidad es la que más sobresaldrá durante toda la vida del individuo que haya nacido bajo su influencia.

Clave: *Paciencia para descubrir todo lo que hay detrás de cada cosa o problema.*

CAHETEL, DEL 25 AL 30 DE ABRIL

Bendición de Dios y liberación de los malos espíritus; buenas cosechas agrícolas y éxito en las labores campesinas; inspiración para elevarse hacia Dios y para darle gracias por los bienes que envía sobre la Tierra; gusto por la agricultura, el campo; mucha actividad en los negocios; protección contra la tentación de blasfemar contra Dios, los encantamientos y sortilegios que producen la esterilidad de los campos.

La esencia de su programa es:

BENDICIÓN DE DIOS. Y esta cualidad es la que más sobresaldrá durante toda la vida del individuo que haya nacido bajo su influencia.

Clave: *Bendición de Dios y buenas cosechas.*

HAZIEL, 1 AL 5 DE MAYO

Misericordia de Dios; la amistad y el favor de los poderosos; la ejecución de una promesa hecha por una persona; la reconciliación con los que hemos ofendido o nos han ofendido; la buena fe, la sinceridad en las promesas; el perdón; protección contra el odio, la hipocresía y el engaño.

La esencia de su programa es: MISERICORDIA DE DIOS. Y esta cualidad es la que más sobresaldrá durante toda la vida del individuo que haya nacido bajo su influencia.

Clave: *Misericordia, favor de los poderosos y reconciliación.*

ALADIAH, DEL 6 AL 11 DE MAYO

Curación de enfermedades; gracia de Dios; regeneración moral; buena salud; el perdón de las malas acciones que se hayan cometido; contacto con personas influyentes; empresas exitosas que le harán feliz y serán estimadas por muchos; protección contra la negligencia, el descuido en la salud y los negocios.

La esencia de su programa es:

GRACIA DIVINA. Y esta cualidad es la que más sobresaldrá durante toda la vida del individuo que haya nacido bajo su influencia.

Clave: *Gracia Divina y buena salud, y borra las deudas contraídas*.

LAUVIAH, DEL 12 AL 16 DE MAYO

Protección contra el rayo, las tempestades naturales y morales; obtención de la victoria; consecución de fama; sabiduría; obtención de celebridad gracias al talento;

protección contra el orgullo, la ambición y la calumnia.

La esencia de su programa es:

VICTORIA. Y esta cualidad es la que más sobresaldrá durante toda la vida del individuo que haya nacido bajo su influencia.

Clave: *Victoria para vencer en todos los problemas cotidianos.*

HAHAIAH, DEL 17 AL 21 DE MAYO

Resolución de los conflictos y adversidades de todos los que les pidan ayuda y socorro, interpretación de sueños, símbolos y señales de la vida cotidiana. Sabiduría, espiritualidad y discreción, intachable reputación; buenas costumbres; afectuosidad y cordialidad; paz y armonía; protección contra la indiscreción, la mentira y los abusos de confianza.

La esencia de su programa es:

REFUGIO. Y esta cualidad es la que más sobresaldrá durante toda la vida del individuo que haya nacido bajo su influencia.

Clave: *Energía y fuerza para solucionar cualquier conflicto* [1].

---

[1] Para más información sobre el tema de los ángeles y la Astrología, véanse mis libros: *Ángeles protectores y Ángeles, las fuerzas ocultas del Universo,* publicados por esta editorial.

PERSONAS CÉLEBRES NACIDAS EN TAURO

- Almudena Grandes, 07-05-1960: escritora
- Camilo José Cela, 11-05-1916: escritor
- Carmen Cervera, 20-04-1943: Ex Miss España, baronesa Tyssen
- Cher, 20-05-1946: cantante, actriz, compositora y diseñadora
- David Beckham, 02-05-1975: futbolista
- Dolores Abril, 09-05-1939: cantaora
- Gary Cooper, 07-05-1901: actor
- George Clooney, 06-05-1961: actor
- Glenn Ford, 01-05-1916: actor
- Gregorio Prieto, 02-05-1987: pintor
- Heinrich Danioth, 01-05-1896: pintor
- Henry Fonda, 16-05-1905: actor

- Isabel II, 21-04-1921: Reina de Inglaterra
- James L. Brooks, 09-05-1940: productor, guionista y director de cine
- Janet Jackson, 16-05-1966: cantante
- Juan Pablo II, 18-05-1920: Papa de la Iglesia Católica
- Laura Pausini, 16-05-1974: cantante
- Lluis Llach, 07-05-1948: cantautor
- Modesto Lafuente, 01-05-1806: escritor e historiador
- Penélope cruz, 28-04-1974: actriz
- Santiago Ramón y Cajal, histólogo y neurólogo, premio Nobel de Fisiología y Medicina en 1906
- Tony Leblanc, 07-05-1922: actor
- Vicente Martín Soler, 02-05-1754: compositor

TALISMANES

Los amuletos o talismanes de Tauro deben fabricarse con todos o parte de los elementos relacionados con el signo. En particular, con las gemas, los metales y los colores. Por ejemplo:

Las gemas de la suerte de Tauro son el cuarzo rosa y ágata musgosa. El metal es bronce y el cobre Así pues, se pueden fabricar amuletos con estos elementos y llevarlos encima, bien la piedra o metal a secas en un bolsillo o bien como colgante, llavero, etc.

Los colores de Tauro son el verde oscuro o el amarillo. Por tanto, todo lo que contenga estos colores también favorecerá al nativo, ya sea ropas o cosas que lo destaquen.

El día de la semana en el que tendrá especialmente suerte será el viernes. En este día puede comenzar todo tipo de proyectos y acontecimientos en los que quiera tener un efecto favorable, siempre que no sea para perjudicar al prójimo, claro está.

Su número de la suerte son el 6, el 2 y todos sus múltiplos.

Hay que tener en cuenta que un amuleto por sí solo no sirve para nada si no le acompaña una actitud positiva y favorable del individuo y un deseo de avanzar en un camino altruista y benevolente hacia los demás. De esta forma, atraerá a su vida las energías favorables procedentes de las entidades espirituales que operan en Tauro.

OTROS TÍTULOS PUBLICADOS POR ESTA EDITORIAL

LA ESENCIA DE LOS DOCE SIGNOS DEL ZODIACO

Un libro esencial para conocernos a nosotros mismos mediante un estudio completo de cada signo del Zodiaco

ÁNGELES, LAS FUERZAS OCULTAS DEL UNIVERSO

Un estudio completo sobre la importancia de los ángeles en el Universo y en nuestra vida cotidiana, donde se dan a conocer sus nombres y sus funciones específicas.

EL MENSAJE OCULTO DE LOS ASTROS

Un manual completo de Astrología, tanto para el principiante como para el astrólogo avanzado. Extensa interpretación astrológica, y, además, se adentra en el tema de las Sinastrías, la Astrología médica y la Parte de la Fortuna, con muchos ejemplos interesantes.

CÓMO LEVANTAR UNA CARTA ASTRAL, Manual para principiantes.

Un manual para cualquier estudiante: sencillo, ameno y directo, donde se facilita al lector un guión para levantar cartas astrales e interpretarlas.

CÓMO INTERPRETAR UN HORÓSCOPO SIN AYUDA DE NADIE

Enseñanzas básicas para interpretar un horóscopo. Aprenda lo más necesario de su carta astral sin necesidad de hacer cursos interminables.

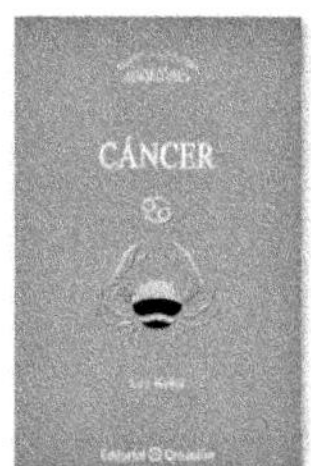

LOS 12 SIGNOS DEL ZODIACO
(ESENCIA CÓSMICA)

Una colección esencial, con un estudio
completo de cada signo: personalidad, afinidades
e incompatibilidades en al amor, salud, trabajo, ángeles
y fuerzas de los astros, etc.